D1687434

# EINFACHE MASCHINEN

# WIRKUNGSVOLLE HEBEL

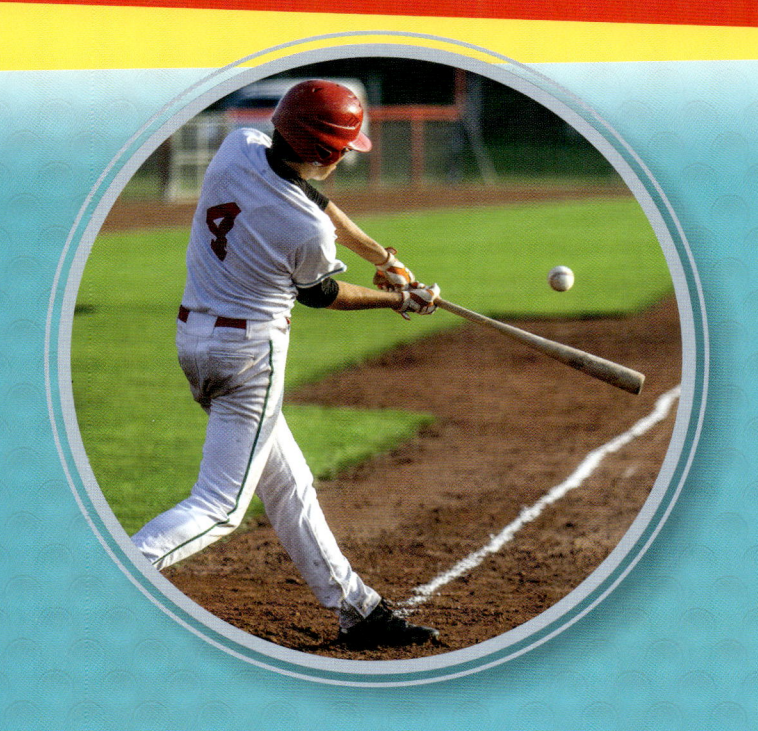

Nancy Dickmann

corona
Ars Scribendi Verlag

Unter dem Namen **corona** erscheinen Sachbücher für Kinder von 4 bis 14 Jahren.

© 2019 Ars Scribendi Verlag, Etten-Leur, Niederlande
*Originaltitel:* Simple Machines, Levers © 2018 Brown Bear Books Ltd.

*Übersetzung:* Christina Klüyken, BVK Buch Verlag Kempen GmbH
*Redaktion:* Simone Mann / Sandy Willems-van der Gieth, BVK Buch Verlag Kempen GmbH
*DTP deutsche Ausgabe:* Freek Kuijstermans
*Produktion Brown Bear Books:* Nancy Dickmann, Keith Davis, Sophie Mortimer, Lindsey Lowe und Anne O'Daly
*Gedruckt in Malaysia*

ISBN 978-94-6341-533-0

**Alle Rechte vorbehalten.**
Jede Verwertung in anderen als den gesetzlich zugelassenen Fällen bedarf der vorherigen schriftlichen Einwilligung des Verlages. Hinweis zu § 52a UrhG: Weder das Werk noch seine Teile dürfen ohne eine solche Einwilligung eingescannt und in ein Netzwerk gestellt werden. Das gilt auch für Intranets von Schulen oder sonstige Bildungseinrichtungen.

Kontaktieren Sie lektorat@coronalesen.de oder besuchen Sie: www.coronalesen.de.
Fragen zu den Veröffentlichungen von Ars Scribendi richten Sie bitte an den Herausgeber.
Der Herausgeber übernimmt keine Verantwortung für Fehler oder Missverständnisse.

**Rechenschaftspflicht**
Der Herausgeber dankt den folgenden Personen und Organisationen für die Erlaubnis, ihr Material in dieser Publikation zu verwenden und zu reproduzieren: Cover: © Shutterstock: inset, Avalon Studio main. Innenteil: © 123rf: © Adobe Stock: 18–19; © budabar 14–15; Alamy: Agencja Fotograficzna Caro 18–19, Robert Harding 12–13; © Dreamstime: 10; © Getty Images: Ole Graf 4–5; istockphoto: cjp 6, Lise Gagne 21 oben, Frank Huang 18, Kall9 8–9, 20 unten, peepo 16–17, S Walls 6–7; © Shutterstock: 4, Avalon Studio 20–21, Marc Dietrich 11, C. Jansuebsri 16, Razoomanet 13, Michael Rosskothen 12, zsolt_uveges 1, 20 links; © Thinkstock: istockphoto 10–11, 14, 21 unten. Alle weiteren Illustrationen und Fotos © Brown Bear Books.

Mehr Informationen über unser Programm finden Sie auf www.coronalesen.de.
Bestellen können Sie über unsere Webseite oder über den (Online-)Buchhandel.

Dieses Logo bietet Erstlesern, leseschwachen Kindern, Lehrern und Lehrerinnen online eine zusätzliche Hilfe zu diesem Buch.

Verwenden Sie dafür den Code auf www.coronalesen.de

**I5330**

# Inhaltsverzeichnis

Was ist ein Hebel? .............................................. 4
Was sind Maschinen? ...................................... 6
Hebel und Kräfte ............................................... 8
Hebelarten ........................................................ 10
Hebel früher ..................................................... 12
Verschiedene Hebel ....................................... 14
Alltägliche Hebel ............................................. 16
Komplexe Maschinen .................................... 18
Finde den Hebel! ............................................. 20
Probier's aus! ................................................... 22
Glossar .............................................................. 23
Erfahre noch mehr ......................................... 24
Index .................................................................. 24

Einige Wörter sind **fett** gedruckt.
Erklärungen findest du auf Seite 23 im Glossar.

# Was ist ein Hebel?

Ein Hebel ist eine lange Stange. Er liegt über einem Gleichgewichtspunkt. Der Gleichgewichtspunkt wird **Drehpunkt** genannt. Wenn eine Seite des Hebels nach unten bewegt wird, bewegt sich die andere Seite nach oben. Hebel können Dinge hochheben oder bewegen.

## WOW!

Eine Schere besteht aus zwei Hebeln. Die Hebel arbeiten zusammen. Sie bewegen die Klingen durch das Papier.

Eine Wippe ist ein Hebel. Der Drehpunkt ist in der Mitte. Wenn du auf einer Seite sitzt, bewegt sich die andere Seite nach oben.

Drehpunkt

# Was sind Maschinen?

Hebel sind **Maschinen.** Es sind künstlich gebaute Hilfsmittel. Maschinen gibt es überall in unserer Umgebung. Man braucht **Energie,** um etwas zu bewegen. Maschinen machen unsere Arbeit leichter.

Werkzeuge bestehen aus einfachen Maschinen. Ein Spatenstiel ist ein Hebel. Das Spatenblatt ist ein **Keil.**

Eine Maschine kann sehr einfach sein.
Sie kann einen Teil oder zwei Teile haben.
Für kompliziertere Aufgaben brauchen
Maschinen mehr Teile. Die einzelnen Teile
arbeiten zusammen.

# Hebel und Kräfte

Eine **Kraft** löst eine Bewegung aus. Ein Hebel wird bewegt. Der Hebel verstärkt die Kraft der Bewegung. Dadurch ist das Hochheben leichter.

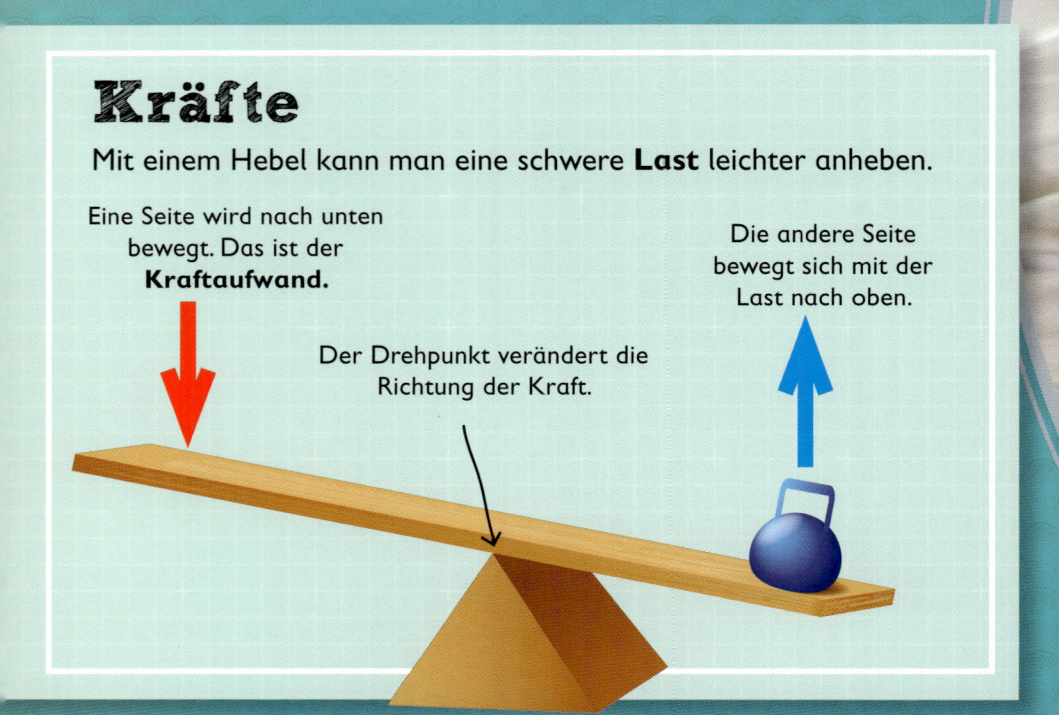

## Kräfte

Mit einem Hebel kann man eine schwere **Last** leichter anheben.

Eine Seite wird nach unten bewegt. Das ist der **Kraftaufwand.**

Die andere Seite bewegt sich mit der Last nach oben.

Der Drehpunkt verändert die Richtung der Kraft.

Ein Hebel kann dabei helfen, den Deckel eines Farbeimers anzuheben. Der Deckel ist nah am Drehpunkt. Eine Seite des Hebels wird bewegt. Diese Seite ist viel länger. Der Kraftaufwand wird so auf einen längeren Weg verteilt. Dadurch ist das Anheben des Deckels einfacher.

# Hebelarten

Es gibt drei Hebelarten. Die Hebel bestehen aus denselben Teilen. Aber die Teile sind unterschiedlich angeordnet.

## Hebel 1

Der Drehpunkt ist in der Mitte. Eine Seite wird durch den Kraftaufwand bewegt. Die Last ist auf der anderen Seite. Das ist ein zweiseitiger Hebel.

Kraft

Drehpunkt

Last

Kraft

## Hebel 2

Der Drehpunkt ist auf einer Seite. Die andere Seite wird durch den Kraftaufwand bewegt. Die Last ist in der Mitte. Das ist ein einseitiger Hebel.

## Hebel 3

Der Drehpunkt ist auf einer Seite. Die Last ist auf der anderen Seite. Die Mitte wird durch den Kraftaufwand bewegt. Das ist ein einseitiger Hebel.

Last

Drehpunkt

Drehpunkt

Kraft

Last

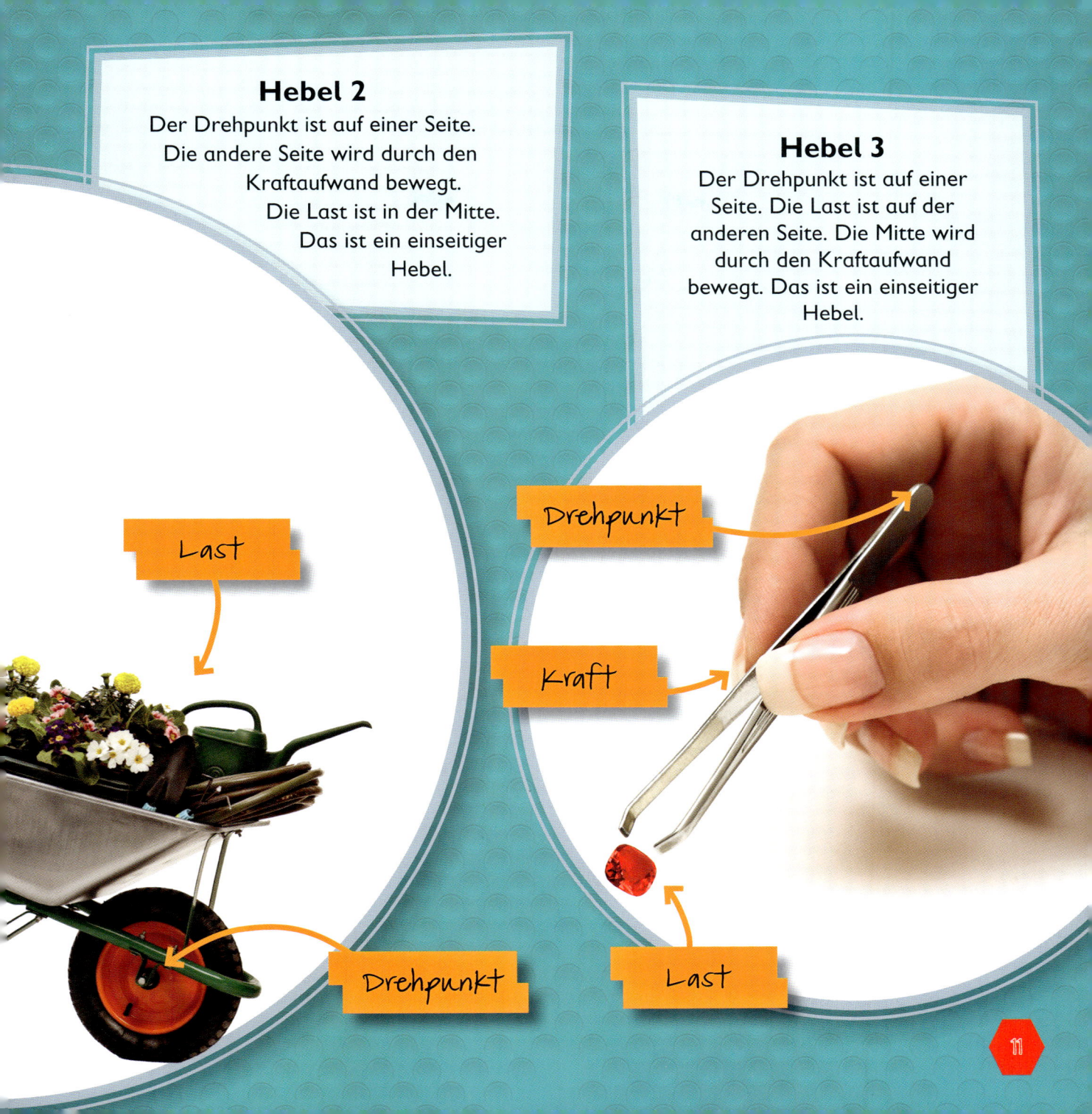

# Hebel früher

Hebel sind sehr einfache Maschinen. Menschen benutzen sie schon seit Tausenden von Jahren.

Antike griechische Schiffe hatten Ruder. Diese Ruder waren Hebel. Dadurch konnten die Schiffe schneller fahren.

## WOW!

Balkenwaagen sind vor langer Zeit erfunden worden. Damit kann man ein Gewicht wiegen. Der Drehpunkt ist in der Mitte.

Menschen im Alten Ägypten benutzten ein *Schaduf*. An einem Ende hing ein Eimer. Im Eimer wurde Wasser gesammelt. Am anderen Ende drückte ein Arbeiter auf den Hebel. So wurde der Eimer angehoben. In manchen Ländern wird ein Schaduf heute noch benutzt.

# Verschiedene Hebel

Wir benutzen Hebel heute auch noch.
Ein Hammer mit einer Klaue ist ein Hebel.
Damit kann man Nägel aus Holz herausziehen.
Eine Schubkarre ist auch ein Hebel.
Sie macht es leichter, schwere Lasten
zu bewegen.

Eine Angel ist ein Hebel.
Der Fisch ist die Last.
Wenn die Angel nach
oben bewegt wird, wird
auch der Fisch nach
oben gezogen.

Ein Bagger schaufelt Erde. Er hat eine Schaufel an einem langen Arm. Der Arm ist ein Hebel. Er bewegt die Schaufel hoch und runter.

# Alltägliche Hebel

Eine Zange hat zwei Hebel. Sie arbeiten zusammen. Die Hebel sind in der Mitte verbunden. Die Griffe werden zusammengedrückt. Die anderen Enden werden dadurch zusammengekniffen.

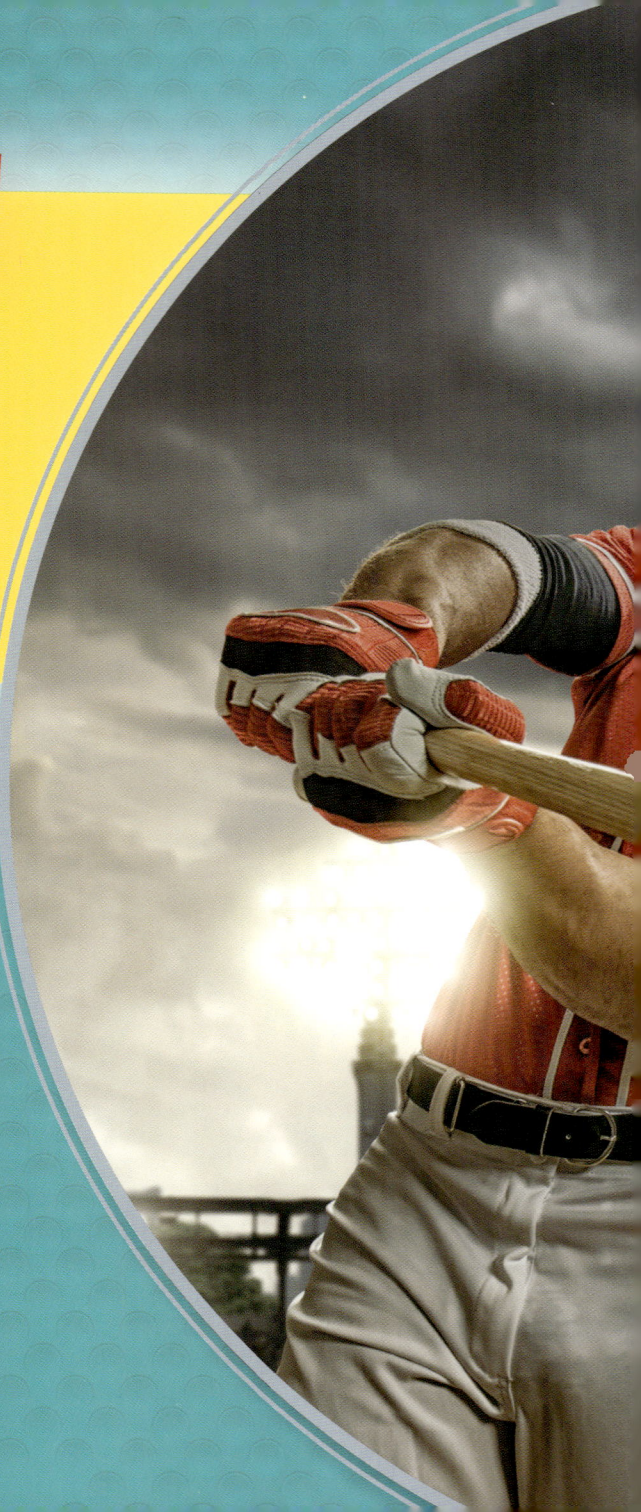

Zange

## WOW!

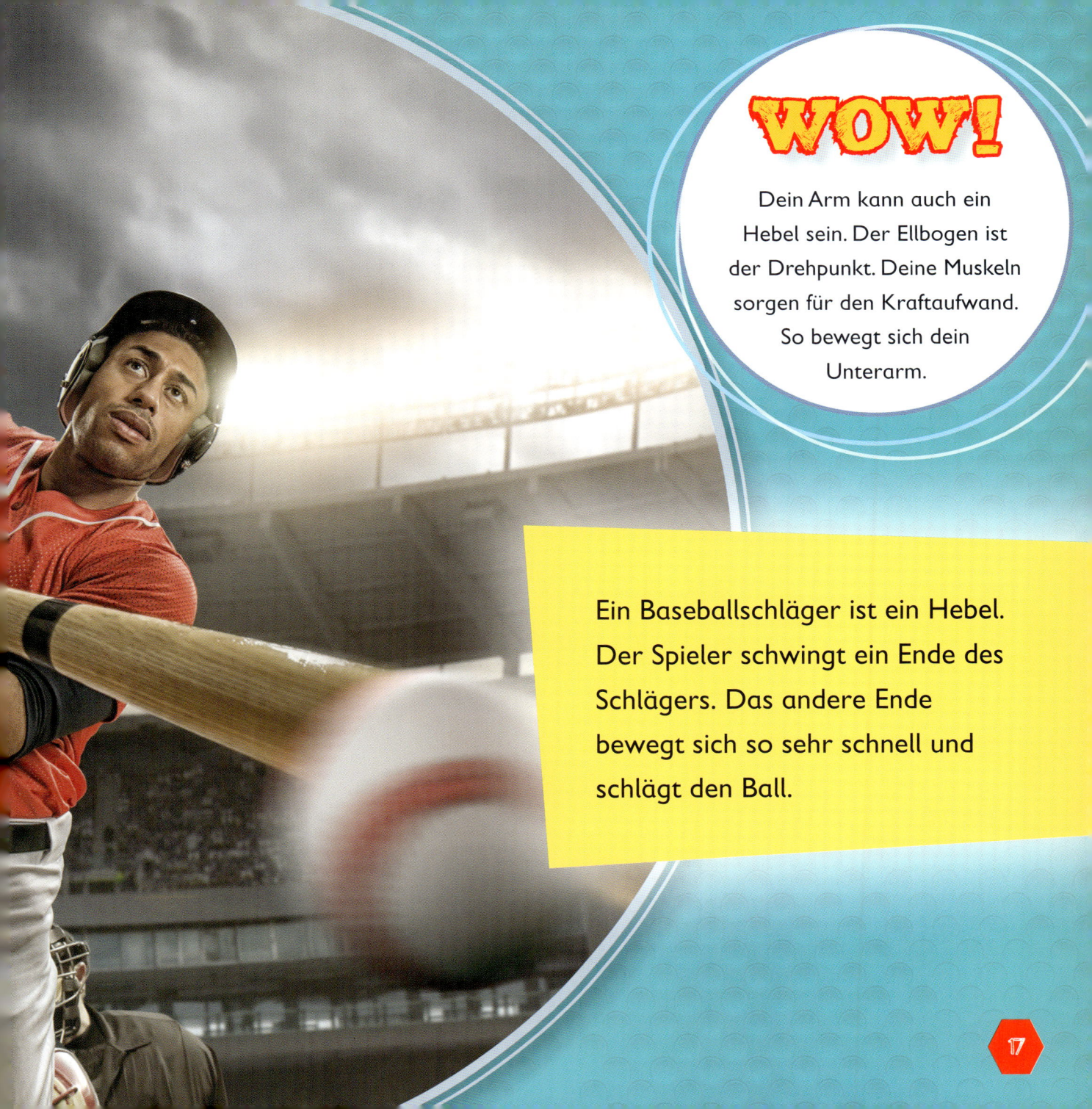

Dein Arm kann auch ein Hebel sein. Der Ellbogen ist der Drehpunkt. Deine Muskeln sorgen für den Kraftaufwand. So bewegt sich dein Unterarm.

Ein Baseballschläger ist ein Hebel. Der Spieler schwingt ein Ende des Schlägers. Das andere Ende bewegt sich so sehr schnell und schlägt den Ball.

# Komplexe Maschinen

Hebel sind einfache Maschinen, genau wie Keile oder Räder. Einfache Maschinen können zusammenarbeiten. Zusammen sind sie **komplexe Maschinen.**

Hebel

Ein Tacker ist ein Hebel. Wenn du darauf drückst, kommt eine Heftklammer heraus. Die Spitzen an der Heftklammer sind Keile. Sie drücken sich durch das Papier.

Flaschenzug

Ein Abschleppwagen ist eine komplexe Maschine. Der Wagen hat Räder, auf denen er rollt. Außerdem hat er hinten einen Hebel. Durch einen **Flaschenzug** kann der Abschleppwagen Autos anheben. Die einfachen Maschinen arbeiten alle zusammen.

# Finde den Hebel!

Kannst du die Hebel in den Bildern entdecken?

1

2

3

4

5

21

# Probier's aus!

Baue deinen eigenen Hebel. Findest du die beste Stelle für den Drehpunkt?

## Du brauchst:
- **1 Lineal**
- **1 Garnrolle**
- **1 schweres Buch**
- **1 Freund, der dir hilft**

**1.** Lege das Lineal auf die Garnrolle. Die Rolle ist der Drehpunkt. Lege das Buch auf eine Seite des Hebels. Das ist deine Last.

**2.** Drücke die andere Seite nach unten, um das Buch anzuheben. Wie schwer ist es?

**3.** Bewege die Rolle weiter weg von dem Buch und versuche es noch einmal.

**4.** Bewege die Rolle näher zu dem Buch und versuche es noch einmal.

Hast du das Buch bewegt? In welchem Versuch war es am einfachsten?

# Glossar

**Drehpunkt** — Der Punkt, um den sich ein Hebel bewegt.

**Energie** — Die nötige Kraft, um Arbeit zu leisten. Wir benutzen Energie, um Lasten zu bewegen.

**Flaschenzug** — Ein Flaschenzug ist eine einfache Maschine. Er besteht aus einem Seil, das um ein Rad gelegt wird. Mit einem Flaschenzug können wir schwere Dinge hochheben.

**Keil** — Das ist eine einfache Maschine mit schrägen Seiten. Ein Keil kann Dinge zerteilen.

**komplexe Maschine** — Das ist eine Maschine aus kleineren Maschinen. Sie kann aus verschiedenen einfachen Maschinen bestehen.

**Kraft** — Der nötige Aufwand, um etwas zu bewegen.

**Kraftaufwand** — Das ist der Aufwand an Kraft für eine bestimmte Arbeit.

**Last** — Etwas, was man nur mit Kraft bewegen kann.

**Maschine** — Eine Maschine hilft uns bei der Arbeit. Dafür braucht sie Energie.

---

**Lösungen zu den Seiten 20 / 21:** Finde den Hebel!
**1.** der Baseballschläger, **2.** der Schraubendreher, **3.** der Baggerarm, **4.** die Schubkarre (das Rad ist der Drehpunkt), **5.** die Angel

# Erfahre noch mehr

**Internetseiten**
t1p.de/wissen-macht-ah-hebel-arten

www.zdf.de/kinder/loewenzahn/flaschenzug-und-hebel-104.html

www.zdf.de/kinder/loewenzahn/mechanik-108.html

**Bücher**
*Kräfte* (Wissen kompakt), Angela Royston, Corona 2017

*Mechanik* (Was ist was? Bd. 46), Karl Pichol, Tessloff Verlag 2018

*Räder, Hebel und Schrauben: Technik einfach gut erklärt – Tolle Maschinen zum Selberbauen,* Nick Arnold, Carlsen Verlag 2013

# Index

Drehpunkte 4, 5, 8–11, 13, 17, 23

Energie 6, 23

Flaschenzüge 19, 23

Hebelarten 10, 11

Keile 6, 18, 23

komplexe Maschinen 18, 19, 23

Kräfte 8, 23

Kraftaufwand 8–11, 17, 23

Last 8, 10, 11, 14, 23

Maschinen 6, 7, 12, 18, 19, 23

Räder 19

Schere 4

Waage 13

zusammenarbeiten 4, 7, 16, 18, 19